1万5000人のシニアにスマホを教えたプロが作った

70歳からのスマホのパスワード記録ノート

スマホ活用
増田

アスコム

はじめに

「パスワードはなんだったかな？　これかな？　違う？　じゃあ、これかな？　あれ、これも違う……」

　思い浮かんだものを入力するたびに、「パスワードが違います」というメッセージが出てきて、途方に暮れた。こんな経験はありませんか？

「忘れたなら、しかたないか……」と「パスワードを忘れた方はこちら」をクリックして、**パスワードを再発行したのはいいものの、またそのパスワードを忘れてしまった……**思い当たる方も多いでしょう。

　パスワードをメモしておいたのに、**メモを見ても「これ、なんのために書いたのか？」がわからない……**よくあることです。

　何回も間違えたら**"ロック"がかかって、スマホやサービスが一定期間使えなくなった、**こんな厄介なこともあります。

　スマホを使うと、避けて通れないのがこのような**パスワードの困りごと**です。

2

こんにちは。スマホ活用アドバイザーの増田由紀と申します。

70代、80代、上は90代のシニアの方々にスマホの使い方をお教えてして25年。**ご縁のあった生徒さんの数は、1万5000人以上です。**

その間、多くの方の「パスワードわからない問題」を目の当たりにしてきました。

「先生なら、パスワードを入れなくても使える方法を知ってるんでしょ？」

いえ……残念ながらパスワードなしで、この関所を通過できる方法はないんですよ。なんとか思い出してくださいね……。

「これ、大文字だったかな、小文字だったかな、先生どっちだと思います？」

あの……決めたご本人にしかわからないんですよ（笑）。

「先生なら、わからなくなったパスワード取り戻す方法を知ってるんでしょ？」

え……私、魔法使いじゃないので、できないんです（笑）。

はじめに　3

そんな私が生徒さんに必ずおすすめするのは、

「スマホにまつわるすべての ID とパスワードを、 1 冊のノートに書いておくこと」。

それは、こんな理由からです。

【記憶】 より【記録】です！

あやふやに覚えるよりも、正確に書いておくほうが大事。記録しておけば覚えなくてすみます。

【一元管理】です！

まとめれば、あちこち探し回らずにすみます。大事なことがまとまっている 1 冊は、いざというとき、とても頼りになります。

それなら、普通のノートに書けばいいのでは？

そう思われるでしょう。実際、私の生徒さんたちには、文房具店でノートを購入し、そこに書いてもらっています。

でも、**書き方には、ちょっとした、いえ、とても重要なコツ**があるのです。

ですから、**本書では、そのコツを余すところなくお伝えするとともに、ノートをわざわざ買わなくてもいいように、直接書き込めるようにしました。**

　ちなみに、スマホ（やパソコン）のパスワードを書くためのノートは、世の中にすでに存在します。

　でも、それらは書くスペースが小さかったり、文字が薄くて読みにくかったり、枠だけがあっても、何を、どう書いていいのかわからなかったり——シニアの方々にとって、使い勝手がよくないと感じています。

　このノートでは、こうした小さな使いにくさを解消し、シニアの方がより使いやすいように工夫を重ねました。

　工夫のベースになっているのは、私の**1万5000人を超える生徒さんたちのお声と、それから今回、新たに行った151名の方々のアンケート調査の結果です。**

「こんなノートがあったらいいのに」。

　そんなお声を形にした、スマホのパスワード記録ノートが、どうかあなたのお役に立ちますように。

このノートは、ここが特別！

他のノートとは違う、『70歳からのスマホの
パスワード記録ノート』が特別な点をまとめました。

ここが特別 **1**

書くスペースが大きい

1ページに書くのは、「アカウント」1つ、多くて2つまでとしました。
アカウントとは、IDとパスワードのこと。書くスペースが大きいので、
見やすく、はっきりと記入できます。あとで見返したときに、「なんて
書いてあるのだろう?」と迷うことも減ります。

ここが特別 **2**

何を書くのか迷わない

パスワードだけでなく、必ずペアで使うことになるID（メールア
ドレス）はもちろん、何に必要なものなのか、いつ作ったのかな
どの欄があるので、それらを埋めていくように書けばOKです。

ここが特別 3

パスワードの優先順位がつけられる

　このノートでは、たくさんお持ちであろうIDとパスワードを「社長アカウント」「部長アカウント」「社員アカウント」に分類してみました。パスワードに優先順位をつける理由は、スマホ関連の**困りごとやトラブルがあったときに、すばやく対応できるから**です。

　また、「このパスワードは、クレジットカードと紐づいている〝部長アカウント〟。なくさないようにしよう」というように、**パスワードを管理する意識も高まります**。

ここが特別 4

パスワードの入力ミスが減る

　パスワードを記入したら、上に**フリガナを振る欄**があります。「0」（ゼロ）や「O」（オー）など数字かアルファベットか間違いやすいもの、「S」「X」のように大文字と小文字が似ているものもフリガナを記入しておけば入力ミスを防げます。

ここが特別 5

「どんなことに使っている」のか
一目瞭然

　意外に多いのが**パスワードは書き留めておいたけど、どんなサービスに使うものなのか覚えていない**、ということ。このノートでは、「○○通販」などサービス名やサイト名のほか、「病院の予約用」「旅行会社用」「健康管理アプリ用」などなんのために使っているのか、有料のサービスなら、「いつから契約しているか」「いつまでの契約か」「いくら払っているか」なども書けます。

ここが特別 6

パスワード入力に必須の、
アルファベットの小文字、大文字、
数字、記号の入力で迷わなくなる

　スマホに表示されるキーボードは、普段は日本語になっていると思います。そのため、アルファベット（英字）の小文字や大文字、記号で構成されたIDやパスワードを入力しようとすると、どうやってキーボードを出したらいいのか手間取ってしまうことも。
　このノートでは、114〜117ページに**スマホのキーボードの切り替え方法があります**。そちらをご覧になりながら、落ち着いて入力してみてください。

ここが特別 **7**

セキュリティ対策ができる

「パスワードの使いまわし」はセキュリティ面から考えて、おすすめできません。106ページで、**他人から推測されにくい、安全度の高いパスワードを作るコツ**をご紹介します。

「そもそも、書いて1冊にまとめるのは危険では?」という方におすすめの、セキュリティ対策のヒントもあります。

ここが特別 **8**

"もしも"のときの備えになる

"社長"と"部長"アカウント記入ページの右上には、次のようなマークがあります。 これは**このマークを○で囲めば、"もしも"のときは、このアカウントの取り扱いを「誰かに頼みたい」という意味になります。**

もし、あなたがご自分でスマホを操作することができなくなってしまったら——このノートが、役に立つ方がいるはずです。

ほかにも……

書いたときの達成感がある!

バラバラだった大事な情報が1冊にまとめられ、もうこれを見れば大事なことがわかる——出来上がったノートを眺めるときの達成感は格別です。

『70歳からのスマホのパスワード記録ノート』 目次

はじめに ・・ 2
このノートは、 ここが特別！ ・・・・・・・・・・・・・・・・・・・・・・・・・・・・・・ 6
1冊にまとめておけばパスワードに振り回されない ・・・・・・・・・・・・・・ 12
私のアカウント索引 ・・・・・・・・・・・・・・・・・・・・・・・・・・・・・・・・・・・・・ 13

パート 1

「書く前の準備」が一番大事

70歳からはパスワードを紙に書くのが一番 ・・・・・・・・・・・・・・・・・・・ 18
パスワードは暗証番号、 IDは銀行口座のようなもの ・・・・・・・・・・・ 21
パスワードに振り回されないで。 "オーナー"はあなた ・・・・・・・・・・ 23
おすすめは一気に書き上げること ・・・・・・・・・・・・・・・・・・・・・・・・・・ 32
忘れがちな「このアカウント、 何に使う?」 ・・・・・・・・・・・・・・・・・・・ 35
パスワードの上にフリガナを振って入力ミスを防ぐ ・・・・・・・・・・・・・・ 36
文字の一部を「伏せ字」にすればセキュリティ対策になる ・・・・・・・・ 38
パスワード記録ノートの記入方法 ・・・・・・・・・・・・・・・・・・・・・・・・・・ 40
私のスマホ情報 ・・・・・・・・・・・・・・・・・・・・・・・・・・・・・・・・・・・・・・・ 44

パート 2

パスワード記録ノート

スマホ本体の使用に関わる社長アカウント ・・・・・・・・・・・・・・・・・・ 45
お金と交流に関わる部長アカウント ・・・・・・・・・・・・・・・・・・・・・・・・ 51
記録しておくと便利社員アカウント ・・・・・・・・・・・・・・・・・・・・・・・・・ 77

パート3

パスワードノートを安全に使うヒント

ノートは持ち出し厳禁！ でも「共有財産」‥‥‥‥‥‥‥‥‥‥**104**

使いまわし、 誕生日はダメ！

安全度が上がる「パスワード作り」‥‥‥‥‥‥‥‥‥‥‥**106**

アカウント作成によく使う英数字と記号一覧表‥‥‥‥‥‥**110**

アルファベット・大文字・数字・記号の出し方‥‥‥‥‥‥**113**

スマホの玄関の戸締り「画面ロック」はお済みですか?‥‥‥‥**118**

役に立つ「よく使う連絡先」‥‥‥‥‥‥‥‥‥‥‥‥‥‥**124**

注意事項

- 本書の掲載情報は、 2024年11月現在のものです。 提供側の都合等で、 販売や配信が中止されたり、 内容が変更されたりすることがあります。
- 本書で紹介した製品やアプリ、 サービス等の利用により起きた損害等については、 一切責任を負いません。 ご理解いただいた上、 ご利用ください。
- 本書に関するユーザーサポートは行っていません。 また、 利用相談にも応じていません。 各製品やアプリ、 サービス等の提供者や販売会社等にお問い合わせください。
- 本書で取り上げている製品、 アプリ、 サービス、 ウェブサイトは固有の商品名または商標登録です。
- 機種やOSのバージョン、 設定などによっては、 画面の表示内容等が、 本書に掲載したものと異なる場合があります。
- 本書で使用しているスマートフォンは、 iPhone15、 Google Pixel 4a です。

1冊にまとめておけば
パスワードに振り回されない

　今、あなたはたくさんのパスワードに振り回されていませんか？　でも、スマホのオーナーはあなたです。
　パスワードと ID ＝アカウントは、あなたが抱える人材。
　その人材を管理して、うまくスマホを運用できるようにするのが、このノートの大事な役目です。

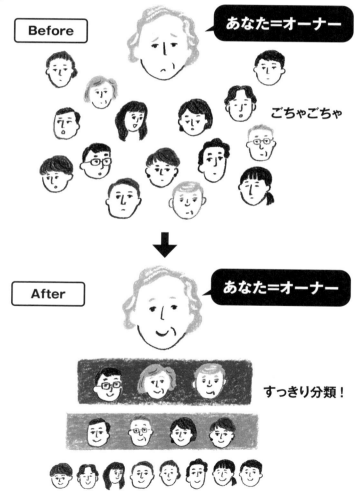

私のアカウント索引

　この本では、アカウントを【社長クラス】【部長クラス】【社員クラス】と分けます。すると、パスワードを探すとき「部長クラスだから、このへんにありそう」と当たりをつけることができます。「社長」「部長」「社員」の意味は、23 ページから解説します。

　【社長クラス】は5ページ分、【部長クラス】は 25 ページ分（25 アカウント分）、【社員クラス】は 25 ページ分（50 アカウント分）、書き込む欄をご用意しました。大事なもの順に並んでいますので、ページをパラパラとめくるだけでも短時間で見つけられると思います。

　でも「すぐに見つけたい!」という方は、13 ～ 16 ページに「アカウント名」を記入して自分だけの索引にしておくと、もっと短時間で見つけることができます。

社長クラスのアカウント名（内容）	ページ番号
Google アカウント	…………　46
Apple Account（Apple ID）	…………　47
携帯電話会社関係	…………　48
自宅のインターネット関係	…………　49
	…………　50

部長クラスのアカウント名（内容）		
	…………	52
	…………	53
	…………	54
	…………	55
	…………	56
	…………	57
	…………	58
	…………	59
	…………	60
	…………	61
	…………	62
	…………	63
	…………	64
	…………	65
	…………	66
	…………	67
	…………	68
	…………	69
	…………	70
	…………	71
	…………	72
	…………	73
	…………	74
	…………	75
	…………	76

社員クラスのアカウント名（内容）	ページ番号
	 78
	 78
	 79
	 79
	 80
	 80
	 81
	 81
	 82
	 82
	 83
	 83
	 84
	 84
	 85
	 85
	 86
	 86
	 87
	 87
	 88
	 88
	 89
	 89
	 90

私のアカウント索引

社員クラスのアカウント名（内容）	ページ番号
	………… 90
	………… 91
	………… 91
	………… 92
	………… 92
	………… 93
	………… 93
	………… 94
	………… 94
	………… 95
	………… 95
	………… 96
	………… 96
	………… 97
	………… 97
	………… 98
	………… 98
	………… 99
	………… 99
	………… 100
	………… 100
	………… 101
	………… 101
	………… 102
	………… 102

\ パート 1 /

「書く前の
準備」が
一番大事

パスワードを記入するための、
ポイントをまとめました。
ここを読んでから書くと、
「とても役に立つノート」に仕上がります。

70歳からは
パスワードを紙に書くのが一番

「パスワードを書き留めておこう」。

　そう思って、この本を手に取ってくださったあなた。この時点で、**「パスワード問題」**の最初のステップはクリアです！

　スマホを使うと、避けて通れないのが「パスワード問題」。

　新しいサービスやアプリを使おうとするたび、IDとパスワードの入力を求められます。

「大文字を入れろ」「記号を必ず1つは使え」と画面に表示され、ややひねったパスワードにしたものだから、自分でも覚えられない、なんてこともありますよね。

「たぶん、こうだったかな……」とうろ覚えの文字を入力すれば「パスワードが違います」と表示され、メモしたはずなのに

「ない、ない！　あのメモがない！」と見当たらず。

　あぁ、めんどうくさい！

　とにかく、パスワードの管理とは厄介なものです。

　こうしたパスワード問題を解決する方法があります。それは、

「１冊のノートに、すべてのパスワードを正確に記録すること」。

　特に、70歳を過ぎた方には、ぜひおすすめしたい方法です。

　１冊のノートにする理由：

● **メモだとばらける、紛失しがち**

● **何かあってもこのノートだけ見ればよいという安心感**

● **ノートならバッテリー切れも故障もなく、**

　 いつでも見られる

● **"もしも"のときでも、**

　 大事な情報がまとまっている状態で誰かに見てもらえる

　シニアの生徒さんたちが、よくおっしゃるのは「いろいろ忘れて困っちゃう」ということ。

でも、パスワードは忘れてもいいですし、覚えなくても大丈夫。**「記憶」より「記録」です！**

このノートがあることで、「大事な情報はちゃんとまとめてある。大丈夫」と、**心に余裕をもっていただきたいのです。**

スマホにある「メモ」のアプリに、パスワードを保存している方もいます。とてもいいアイデアだと思います。

外出先でも確認できて便利ですが、もしスマホが壊れて電源が入らなくなってしまったら……？　ノートに書いておけば、そうした心配がありません。

ケガや病気など、なにかしらの理由でスマホの操作ができず、誰かに対応をお願いしたい場合もあるでしょう。そんなとき、このノートがあれば……。

頼んだ方も頼まれた方も、お互いにきっと助かるはずです。

パスワードは暗証番号、
IDは銀行口座のようなもの

　ここまで読んでくださって、パスワードがとても大事だとご理解いただけていると思います。その通りですが、**パスワードはそれだけでは役に立ちません。**

　たとえるなら、パスワードは暗証番号のようなもの。でも暗証番号だけではお金が引き出せません。銀行口座があっての、暗証番号です。

　そして、銀行口座に当たるのが**「ID」（アイディー）**です。

　IDとパスワードはセット。2つ同時にそろってはじめて、スマホのサービスが楽しめます。

　なお、IDとパスワードのセットを**「アカウント」**と呼びます。

IDには、以下のようなものがあります。

● **自分で決めた「ユーザー名」**

例：ID：yukimasuda555　パスワード：●●●●●●●●

● **先方から決められた「ユーザー名」**

例：ID：AMNOS1126　パスワード：●●●●●●●●

● **登録したときの「メールアドレス」**

例：ID：yuki-masuda@pasocom.net

　　パスワード：●●●●●●●●

　一度IDを入力すると、それをスマホが覚えていて、次に必要なときに「あなたのIDはこれです」と自動的に表示されることが多いので、改めて入力する機会が少ないもの。

　そして、IDは「登録したときのメールアドレス」の場合が多く（100％ではありません。これが厄介なところですね）、そのため、あまり印象に残っていないかもしれません。

　でも、スマホを買い換えても同じサービスやアプリを使いたいときなどに、IDの入力は必要です。**わからないと、IDの確認作業という余計な手間が増えてしまいます。**IDとパスワードはいつもセット、そう覚えておいてください。

パスワードに振り回されないで。
"オーナー"はあなた

　では、ノートに記入しよう、と思ったあなた。**まだ書かないで！**　「パスワード問題」解決の次のステップは、こちらです。

- **持っているすべてのアカウントをまずは集める**
- **アカウントを「社長クラス」「部長クラス」「社員クラス」に分類する**

　めんどう……と思われるかもしれませんが、あなたの頭の中や、家のどこかに散らばったアカウントを探すのは、けっこう手間と時間がかかります。ですから、記入するたびにそれをするよりも、**一度に「えいっ！」と勢いで集めてしまえば、重い腰を上げるのが1回ですみます。**

　そして、パスワードだらけでうっとうしい、と悩ましく思うのは、**多くのアカウントがあなたの周りに散らばっていて、それらを把握できていないからではないでしょうか。**

パート1　「書く前の準備」が一番大事　　23

使おうと思うと出てこない。出てきたと思ったら間違っている……パスワードに振り回されていると、無駄な時間を過ごしてしまいますよね。

　でも、パスワード問題に限らず、スマホを使うときにいつも忘れないでいただきたいのは、**スマホのオーナーはあなた**だということです。そんなオーナーが、**パスワードに振り回されないようにするのが、このノートの大事な役目です。**

　たくさんのアカウントは、あなたが抱える才能豊かな人材だと考えてください。**その人材を管理して、スマホを上手に運用するのは、オーナー、つまりあなたの役目ですね。**

　では、どうやってたくさんの人材＝アカウントを管理したらよいのでしょうか。

　答えは、**人材を見極めて、適材適所で使うこと。**

　誰が社長の働きをするのか、誰が決裁権のある部長なのか、誰がよく働いてくれる社員な

人材＝アカウントは多いけど、うまく管理できていない……

のか。オーナーであるあなたがしっかり把握している必要があります。

このノートでは、次のように分類しています。

- 社長クラス＝スマホ本体の使用に関わるアカウント
  → Google アカウント、Apple Account（Apple ＩＤ）、携帯電話会社関係のアカウントなど
- 部長クラス＝お金と交流に関わるアカウント
  →クレジットカードの登録をしたネット通販サイト、定期的に使用料がかかるサービス、自分が投稿して交流を楽しんでいる SNS など
- 社員クラス＝社長と部長以外で、記録しておくと便利なアカウント
  →病院の予約サイトや懸賞サイトなど、アカウントが「会員証」の役割をするもの、見ているだけで投稿していない SNS など

まず、把握してほしいのは「社長クラス」のアカウント。スマホをお持ちなら、以下の２つのうち、どちらかは必ずあるはずです。

- iPhone（背面にリンゴのマークがあるスマホ）を使っている方　→　「Apple Account」（Apple ID）
- Android（iPhone以外のスマホ）を使っている方　→　「Googleアカウント」

　iPhoneを使っていて、Gメールのメールアドレス（@gmail.comが後半にあるもの）もお持ちの方は、Apple Account（Apple ID）のほか、Googleアカウントも使っていることになりますので、記入しておきましょう。

適材適所の人材がわかれば、もっとスマホが楽しめる！

- 携帯電話会社関係のアカウント　→　スマホを契約した会社＝キャリア：NTTドコモ、au（KDDI）、ソフトバンク、楽天モバイルのアカウント

　例えば、NTTドコモは「dアカウント」、auは「au ID」、

ソフトバンクは「SoftBank ID」、楽天モバイルは「楽天ID」など、会社によって呼び名が違います。

ほかにも携帯電話料金の安い「格安SIM」を扱う会社がたくさんあります。ご自分は**どこの会社に毎月携帯電話料金を支払っているか**、確認し、そのサービスの「アカウント」を記入するようにしましょう。

以上の3つは、超重要、**三大社長**です。**スマホの故障や買い替え時など、スマホのデータを移行するときに特に必要となります。**

あなたが「スマホに保存した」と思っている連絡先やメモ、写真などは、実はスマホ本体ではなく、インターネット上にある「専用の倉庫」に保存されている場合があります。「専用の倉庫」を **「クラウド」** といいます。

そして「クラウド」を使っているなんて意識がないままに、大事なデータを保存している、ということがすごく多いのです。

その倉庫を開ける鍵になるのがIDとパスワードのセット＝アカウントです。

パート1　「書く前の準備」が一番大事　27

そんなに重要なのに、ピンとこない……のは「大事だと意識をして使うこと」がないからでしょう。ちょっと影が薄い、顔も覚えていない社長かもしれませんが、オーナーであるあなたの下で、采配を振るっているのは実は社長たち。

　そして、社長アカウントを設定したのは、ほかでもないあなたです。**スマホを契約するとき、スマホを使い始めるときに、決めているはずです。**

　すぐに思いつかない方は、もしかしたら契約したときの書類にメモをしたかもしれません。

　もし、どうしても見つからないとしても、落ち込まないで大丈夫です。ここで「ない」「わからない」ということがわかったのは、とても意味のあること。それに、ないなら、ないなりの対応法もありますよ。

● **Apple Account（Apple ID）がわからない**

　　iPhone のホーム画面の「設定」 をタップ → 一番上に表示される「ユーザー名（あなたの名前など)」をタップ → 名前の下に表示されているのが Apple Account（Apple ID)

パスワードを変更したい場合

　ホーム画面の「設定」 をタップ → 一番上に表示される「ユーザー名（あなたの名前など)」をタップ →「サインインとセキュリティ」をタップ →「パスワードの変更」をタップ（本人確認のため顔認証や6桁の数字が必要な場合があります) → 新しいパスワードを入力し「続ける」をタップ → 表示される「ユーザー名（あなたの名前など)」をタップ

● Google アカウントがわからない

　スマホのホーム画面の「設定」 をタップ → 下のほうにある「Google」をタップ → 表示される「〜 @gmail.com」が Google アカウントです。

パスワードを変更したい場合

　「設定」 をタップ → 下の方にある「Google」をタップ → 自分の名前をタップ →「Google アカウント」をタップ →「ホーム」と書いた部分を左に動かして「セキュリティ」をタップ → 画面を上に動かして「パスワード」をタップ（本人確認のため顔認証やパターンなどが必要な場合があります)

→ 新しいパスワードを入力し「パスワードを変更」をタップ

●携帯電話会社関係のアカウントがわからない

まずは契約したときの書類を探しましょう。必要な情報はその書類に書いてあることが多いです。どうしても見つからない場合はスマホを契約した会社のホームページや、お問い合わせの電話番号から再発行ができます。ただ、時間がかかることもあるので、**おすすめはお持ちのスマホを購入したスマホショップへ行くことです。**その際は、免許証など「本人確認の書類」をお持ちくださいね。

ご自宅で**インターネットを契約しているなら、そのアカウント（プロバイダーのアカウント）も社長クラスです。**プロバイダーとはインターネット接続サービスを提供している会社（OCN、ニフティ、ビッグローブ、ドコモ光、ジェイコムなど）。インターネットを契約時の書類に、アカウント情報があるはずです。

そのほか、「**LINE**」をよく使っているという方なら、そ

の重要度も社長クラス。三大社長の後に続いて記入します。

次は、**残りのアカウントをすべて「部長クラス」と「社員クラス」に分類します。**

部長クラスは25ページでお話ししたように、「お金」と「交流」に関わるもの。

「Amazon などのネットショッピングのサイトを利用していて、クレジットカードの登録をしている」「PayPay などの決済アプリを使っていて、銀行口座と紐づけている」「Netflix のようにクレジットカードを登録していて定期的に使用料金を払っている」というものは、部長クラスです。

一方、「ショッピングサイトで品物の注文はするけど、いつも代引きにしている」という場合は、部長クラスではなく、社員クラスにしてよいでしょう。

そして、**人付き合いが大切なように、Facebook やInstagram など、SNS の「交流」アカウントも優先順位が高いものです。**ご自身もよく投稿して交流を楽しんでいれば「部長クラス」、人の投稿を見る専門でしたら「社員クラス」と位置付けます。

おすすめは一気に書き上げること

　いざ、探してみると見つからないアカウントもあるでしょう。でも、ないものは仕方ありませんよね。

「アカウント探しは、○月○日まで」と期限を決めて、そこで"アカウント捜索"は打ち切ります。捜索に時間を費やすより、次の段階に進むほうが大事です。

　アカウントがわからないなら再設定の手続きをしますが、もう使わなそうな社員クラスのアカウントなら、再設定せずにノートにも記入しない＝放置する、という選択肢もあります。

　ちょっとここに予定を書いてみましょうか。

　スマホのカレンダーに書き込んでもいいですね。これから、めんどうくさいことに取り組むのです。だらだらとやっては完成しません。これは自分との約束です。

アカウント探し締め切り	年	月	日
ノートへの書き始め	年	月	日
ノート書き込み完了	年	月	日

　以上の予定で、必要な情報をノートに書き終わったら、そのあとは新しくアカウントを作ったときに追記していくことを忘れないようにしましょう。「とりあえず」とあちらこちらに書かないで、一元管理を心がけましょう。

　そして、手元にすべてのアカウントをそろえて、社長、部長、社員に分類できたら 46 ページからのノートに一気に記入していきます。**一度に終わらせてしまえば、今後はパスワードの悩みから解放されますし、達成感も得られるからです。**

　とはいえ、時間がない、一度に書くと疲れてしまう、やらなきゃと思っているけどなかなか気分が乗らない、という方もいらっしゃいますよね。そんな方は、**まず 46 〜 50 ページまでの一番大事な社長アカウントだけに集中して記入してみてくだ**さ

い。目標は1冊を書き上げることですが、このノートを手に取ってくださった時点で最初の一歩は踏み出せていますよ！

　記入するときにも、いくつかのポイントがあります。

準備するもの

- **先の細いボールペン**
- **修正液**

　先が太いペンを使うと、文字がつぶれて見にくくなってしまいます。インクがにじみやすいペンも、読みにくくなります。

書き損じた場合の決まり

- **二重線で消さない**
- **文字をぐしゃぐしゃと塗りつぶさない**
- **修正液を使って消してから、書き直す**

　書き損じの痕跡はしっかり消しておきましょう。この方法で、見間違いを防止できます。

忘れがちな
「このアカウント、何に使う?」

「パスワードは大事だから書いておいたけど、なんのためのアカウントか、わからないんです」

　以前、生徒さんからこう言われたことがありました。

　アカウント情報は大事です。でも、それがいったいなんのためなのかわからなければ、ただの文字の羅列です。ですから、生徒さんにパスワード記録ノートを作ってもらうときには、何に使うアカウントなのかも記入してもらっています。

　そうすれば、あとで見返したときに「これは、なんのため?」と迷わなくなります。ご自分が見てわかればよいので、書き方の決まりはありませんが、**「公民館の会議室の予約をするときに必要」「ネットバンキングで残高の確認をするときに毎回入力する」「Instagram を使うときに登録した」**など、具体的に書いておくとよいでしょう。

パート1　「書く前の準備」が一番大事　　35

パスワードの上にフリガナを振って入力ミスを防ぐ

「入力内容に誤りがあります」「アカウントの確認ができませんでした」——ちゃんと入力したはずなのに、こんなメッセージが出てきた。原因のほとんどは、**「文字の打ち間違い」**。

①アルファベットの小文字と大文字を打ち間違えている

人間が見れば「小文字のl」も「大文字のL」もどちらも「エル」ですが、入力するとき「l」と「L」は別物です。また「S」は小文字と大文字の区別がつきにくいですね。

②アルファベットと数字を見間違えている

「l」は、アルファベットの小文字のエル、「1」は数字のイチ。

こうした文字の打ち間違いを防ぐ方法があります。それは、

「フリガナを振る」 こと。

ノートにパスワードを記入するとき、一緒に「エル（小）」「イチ」「エス（大）」などと書いておけば、lは小文字、1は数字、Sは大文字だとわかり入力ミスを避けられます。

見間違えやすい文字

0（ゼロ）、o（小文字のオー）、O（大文字のオー）

1（イチ）、l（小文字のエル）、I（大文字のアイ）

-（記号のハイフン）、_（記号のアンダーバー）

大文字と小文字の区別がつきにくい文字

小文字	c	k	o	s	v	w	x	z
大文字	C	K	O	S	V	W	X	Z

　並べて見ればわかりやすいですが、1文字だけ出てきた場合、小文字か大文字か間違えることがあります。

　そして、もう一つ、文字の打ち間違いとして挙げられるのは、

③**数字が「全角」になっている**

　見た目でわかりにくいのですが、「１」は全角、「1」は半角の「イチ」です。

全角の「1」　　半角の「1」

　日本語を打てる状態で入力すると間違えやすいので、「数字のキーボード」に切り替えます。やり方は113ページからです。

　なお、**パスワードを入力する枠の右側に「目」のマークがある場合、そこを触ると入力した文字が見えるようになります。**

パート1　「書く前の準備」が一番大事　37

文字の一部を「伏せ字」にすれば
セキュリティ対策になる

　あふれるパスワードに振り回されず、スマホを快適に使うには、ノートに記録するのが得策です。ただ、**「個人情報をこんなに書いてしまって、危ないのでは？」**というご意見もあるでしょう。

　ご家族から、「悪い人に、このノートを見られたら終わりだよ」と注意されるかもしれません。**最近は、シニアの方を狙った詐欺も増えているので、こうしたご心配はごもっともです。**

　1冊のノートに、すべてのアカウントを書いておくリスクはないのか、と聞かれれば、リスクはもちろんあります。でも、それにも勝るよい点があるからこそ、このノートをご活用いただきたいのです。このノートを安全・安心に運用するために、ぜひ、この3つを実践してください。

「このノートを見せない、話さない、持ち出さない」

38

ノートの内容は、あなただけのものです。決して、他の方に見せないでください。

　そして、ノートの存在も（家族以外に）話してはいけません。「（家族以外に）」の理由は、104ページでお話しします。

　それから、このノートは必ずご自宅で保管してください。持ち出せば、どこかに置き忘れたり、誰かに見られたりすることもないとは言えません。

　それでも不安な方は、**パスワードの一部を「伏せ字」にしておく**と安心です。例えば、こんな感じです。

文字の一部を伏せ字で記入する

　実際のパスワード　　he45d-sK@X

　伏せ字を使ったパスワード　　he4 ● -s ★

　● = 5d、★ = K@X とご自分でルールを決めて、そのルールに則って記入しておく方法です。もちろん、このルールを忘れてしまったら元も子もないので……そこだけは、どうぞお気を付けくださいね。

パート1　「書く前の準備」が一番大事　**39**

最初に記入したい
「私のスマホ情報」

　最初にアカウントを作成するとき、あなたの名前や住所、スマホの番号などを入力することがありますが焦って意外にすぐに出てこないことも多いものです。そんなときも、このページを見れば落ち着いて入力できます。

「パスコード」（iPhoneの場合）、「パターン」「パスワード」「PIN」（Androidの場合）は、スマホの「画面ロック」を解除するときに必要です。画面ロックをかけるのは、もちろんあなた以外の誰かに、スマホを使われないようにするためです。

　一方で、忘れたり、入力を間違えたりするとロックがかかってしまい、一定期間スマホを使えなくなってしまいます。120ページからやり方の説明があるので、この機会にぜひ確認してください。

私のスマホ情報

記入日　2024 年　12 月　25 日

氏名
アスコム花子

生年月日
19 49 年 （昭和 24 年）　5 月　7 日

住所
千葉　都・道府(県)　浦安市××町×××

047-××××-○○○○

スマホの電話番号
090-××××-○○○○

スマホのロック解除方法（いずれか）
パスコード（数字だけ）

パスワード（数字と英語）

> 該当する方法を囲む

> パターン（指でなぞる）

> わからなければ空欄でOK

スマホの機種
Googlepixel8

> パターンの場合は、そのパターンを記入

シリアル番号
IMEI1:1234567890

3つのマークとその意味
（社長アカウント・部長アカウントのみ）

　社長アカウントと部長アカウントのノート欄には、サービス名を記入する欄の横に「3つのマーク」があります。該当するものを丸で囲んでおくと、そのアカウントがどうして大事なのか、目印になります。

私に何かあったら、これを見てほしい
「私に"もしも"のことがあったら、このアカウントを見てほしい」という意味です。
- 解約の手続きをお願いしたい
- このアカウントを残しておいてほしい

など、具体的な要望は、一番下のメモに書き残しておきます。

クレジットカードや引き落としなど「お金」に関係している
クレジットカードを登録している、銀行口座と紐づいている、毎月引き落としがあるといった、お金に関わるアカウントだという意味です。

例えば、こんなものがあります。
- クレジットカード情報を登録している通販サイト
- 株の売買をしている証券会社のアプリ
- Amazon プライムなど、定期的に使用料が引き落とされているもの

交流に使っている
コミュニケーションアプリやSNSなど、交流に使っているアカウントだという意味です。
- LINE
- Facebook
- Instagram
- X（旧 Twitter）

などが、代表例です。

ノートの記入例

丁寧に、はっきりと、先の細いボールペンで書きましょう。

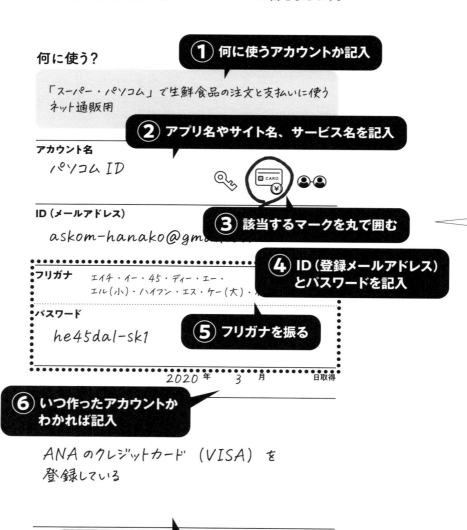

① 何に使うアカウント?

いつ、 どんなときに必要なのか、 なるべく具体的に記入します。

② アプリ名やサイト名など、 サービス名

「Amazon」「LINE」というサービス名のほか、 「えきねっとユーザー ID」「Yahoo! JAPAN ID」 など独自の呼び方があれば、 それを記入します。

③ 社長と部長アカウントは、 該当するマークを丸で囲む

どのアカウントに該当するか、41ページにある3つのマークの意味を確認して、 丸で囲みます。 例えば、食品を購入するサイトのアカウントで、クレジットカードを登録しているのであれば、 ▣CARD を囲みます。

毎月、 自動的に食品が届くサービスに申し込んでいて〝もしも″のときは、 誰かに解約してほしいのであれば、 ✎も囲みます。

④ IDとパスワードを、 文字同士がくっつかないように記入

あとで見て迷わないように、 文字は丁寧に、 はっきりと、 ある程度の間隔を空けて書きます。 先の細いボールペンを使うと、 記入しやすいです。

⑤ パスワードにはフリガナを振って入力ミスを防ぐ

・数字の0とアルファベットの小文字のoと大文字のO
・数字の1とアルファベットの小文字のl、 大文字のI
・記号の-と_
は、 特に間違えやすい文字です。
英数字と記号の種類と読み方は110〜 112ページにまとめてあります。

なお、 IDはメールアドレスのことが多く、 見間違えはパスワードに比べて少ないですが、 不安なら空いているスペースにフリガナを書いておきましょう。

⑥ このアカウントを作った日

もし覚えていれば記入しましょう。 いつから使っているか、 を知る手がかりになることがあります。

⑦ メモは、 あなたのアイデア次第

例えば、 アカウント作成時に設定した「秘密の質問」の質問と答えや、 サービスを解約するときに連絡するお客様センターの電話番号など、 書いておくと便利なもののほか、 ポイントのサービスデーといったお得情報でもかまいません。

パート1 「書く前の準備」が一番大事 43

私のスマホ情報

記入日 　　　年　　　月　　　日

氏名

生年月日

19　　　年　（昭和　　　年）　　　月　　　日

住所　　　都・道
　　　　　　府・県

スマホの電話番号

スマホのロック解除方法（いずれか）

パスコード（数字だけ）

パスワード（数字と英語）

パターン（指でなぞる）

スマホの機種

シリアル番号

\ パート 2 /

パスワード
記録ノート

スマホ本体の使用に関わる
社長アカウント

【記入するアカウント】
Googleアカウント、 Apple Account、
携帯電話会社関係のカウント、
自宅のインターネット関係のアカウントなど

何に使う？

Androidスマホ（iPhone以外のスマホ）で一番大事なアカウントです。このアカウントはAndroidスマホにアプリを追加するときや、買い換えるとき、またデータを安全に保つために欠かせないものです。Gメールというメールアドレスとしても使えます。iPhoneを使っている人も、Googleアカウントを持つことができます。

Google アカウント

メールアドレス

@

フリガナ

パスワード

　　　　　　　　　　　　　年　　　　　月　　　　　日取得

メモ

何に使う?

iPhone（背面にリンゴのマークのあるスマホ）で一番大事なアカウントです。このアカウントはiPhoneにアプリを追加するときや、買い換えるとき、またデータを安全に保つために欠かせないものです。メールアドレスとしても使えます。

Apple Account
アップル　　アカウント
（Apple ID）

メールアドレス

@

フリガナ

パスワード

年　　　　月　　　　日取得

メモ

パート2　パスワード記録ノート　47

何に使う？

契約している携帯電話会社関係のアカウントを記入しましょう。NTT ドコモは「d アカウント」、au は「au ID」、ソフトバンクは「SoftBank ID」、楽天モバイルは「楽天 ID」など、会社によって呼び名が違います。スマホの故障や買い替え時などのデータ移行に必要です。

携帯電話会社関係

メールアドレス

@

フリガナ

パスワード

　　　　　　　　　　　　　年　　　　　　月　　　　　　日取得

メモ（4桁の暗証番号がある場合は、それもメモしておきましょう）

48

何に使う？

自宅でインターネットを契約していれば、その会社（プロバイダー）のアカウントを記入しましょう。例えば OCN、ニフティ、ビッグローブ、ドコモ光、ジェイコムなどです。使用料金の確認や、解約時などに必要になります。

自宅の
インターネット関係

メールアドレス

@

フリガナ

パスワード

年　　　　月　　　　日取得

メモ

何に使う？

メールアドレス

@

フリガナ

パスワード

年 　 月 　 日取得

メモ

パスワード
記録ノート

お金と交流に関わる
部長アカウント

【記入するアカウントの例】
クレジットカードの登録をした
ネット通販サイト、 SNSなど

何に使う？

アカウント名

ID（メールアドレス）

フリガナ

パスワード

年　　　　月　　　　日取得

メモ

何に使う？

アカウント名

ID（メールアドレス）

フリガナ

パスワード

年　　　　月　　　　日取得

メモ

何に使う？

アカウント名

ID（メールアドレス）

フリガナ

パスワード

　　　　　　　　　　　　　年　　　　　月　　　　日取得

メモ

何に使う？

アカウント名

ID（メールアドレス）

フリガナ

パスワード

　　　　　　　　　　　　　　年　　　　　月　　　　日取得

メモ

何に使う？

アカウント名

ID（メールアドレス）

フリガナ

パスワード

年　　　　　　月　　　　　　日取得

メモ

何に使う？

アカウント名

ID（メールアドレス）

フリガナ

パスワード

年　　　　月　　　　日取得

メモ

パート2　パスワード記録ノート　57

何に使う？

アカウント名

ID（メールアドレス）

フリガナ

パスワード

| | 年 | 月 | 日取得 |

メモ

何に使う？

アカウント名

ID（メールアドレス）

フリガナ

パスワード

年　　　　月　　　　日取得

メモ

何に使う？

アカウント名

ID（メールアドレス）

フリガナ

パスワード

年　　　　　月　　　　　日取得

メモ

何に使う？

アカウント名

ID（メールアドレス）

フリガナ

パスワード

年　　　　　月　　　　　日取得

メモ

パート 2　パスワード記録ノート　　**61**

何に使う?

アカウント名

ID（メールアドレス）

フリガナ

パスワード

　　　　　　　　　　　年　　　　　月　　　　　日取得

メモ

何に使う?

アカウント名

ID(メールアドレス)

フリガナ

パスワード

　　　　　　　　　　　　年　　　　月　　　　日取得

メモ

何に使う？

アカウント名

ID（メールアドレス）

フリガナ

パスワード

　　　　　　　　　　　年　　　　月　　　　日取得

メモ

何に使う？

アカウント名

ID（メールアドレス）

フリガナ

パスワード

年　　　　　月　　　　　日取得

メモ

パート2　パスワード記録ノート　**65**

何に使う？

アカウント名

ID（メールアドレス）

フリガナ

パスワード

年　　　　月　　　　日取得

メモ

何に使う？

アカウント名

ID（メールアドレス）

フリガナ

パスワード

　　　　　　　　　　　　　　年　　　　月　　　　日取得

メモ

何に使う？

アカウント名

ID（メールアドレス）

フリガナ

パスワード

年　　　　月　　　　日取得

メモ

何に使う？

アカウント名

ID（メールアドレス）

フリガナ

パスワード

年　　　　　月　　　　　日取得

メモ

何に使う？

アカウント名

ID（メールアドレス）

フリガナ

パスワード

年　　　　月　　　　日取得

メモ

何に使う？

アカウント名

ID（メールアドレス）

フリガナ

パスワード

　　　　　　　　　　　　　年　　　　月　　　　日取得

メモ

パート 2　パスワード記録ノート　71

何に使う？

アカウント名

ID（メールアドレス）

フリガナ

パスワード

年　　　　　月　　　　　日取得

メモ

何に使う？

アカウント名

ID（メールアドレス）

フリガナ

パスワード

　　　　　　　　　年　　　　月　　　　日取得

メモ

何に使う？

アカウント名

ID（メールアドレス）

フリガナ

パスワード

年　　　　　月　　　　　日取得

メモ

何に使う？

アカウント名

ID（メールアドレス）

フリガナ

パスワード

年　　　　月　　　　日取得

メモ

何に使う？

アカウント名

ID（メールアドレス）

フリガナ

パスワード

| | 年 | 月 | 日取得 |

メモ

パスワード
記録ノート

記録しておくと便利
社員アカウント

【記入するアカウントの例】
病院の予約サイトや懸賞サイトなど、
アカウントが「会員証」の役割をするもの

何に使う?

アカウント名

ID（メールアドレス）

フリガナ

パスワード

メモ   年   月   日取得

何に使う?

アカウント名

ID（メールアドレス）

フリガナ

パスワード

メモ   年   月   日取得

何に使う?

アカウント名

ID（メールアドレス）

フリガナ

パスワード

メモ　　　　　　　　　　　年　　　　　月　　　　　日取得

何に使う?

アカウント名

ID（メールアドレス）

フリガナ

パスワード

メモ　　　　　　　　　　　年　　　　　月　　　　　日取得

何に使う?

アカウント名

ID (メールアドレス)

フリガナ

パスワード

メモ　　　　　　　　　年　　　　月　　　　日取得

何に使う?

アカウント名

ID (メールアドレス)

フリガナ

パスワード

メモ　　　　　　　　　年　　　　月　　　　日取得

何に使う?

アカウント名

ID (メールアドレス)

フリガナ

パスワード

メモ   年   月   日取得

何に使う?

アカウント名

ID (メールアドレス)

フリガナ

パスワード

メモ   年   月   日取得

パート2　パスワード記録ノート　81

何に使う?

アカウント名

ID (メールアドレス)

フリガナ

パスワード

メモ   年   月   日取得

何に使う?

アカウント名

ID (メールアドレス)

フリガナ

パスワード

メモ   年   月   日取得

何に使う?

アカウント名

ID (メールアドレス)

フリガナ

パスワード

メモ　　　　　　　　　年　　　　　月　　　　　日取得

何に使う?

アカウント名

ID (メールアドレス)

フリガナ

パスワード

メモ　　　　　　　　　年　　　　　月　　　　　日取得

何に使う?

アカウント名

ID（メールアドレス）

フリガナ

パスワード

メモ　　　　　　　　　　　　年　　　　　月　　　　　日取得

何に使う?

アカウント名

ID（メールアドレス）

フリガナ

パスワード

メモ　　　　　　　　　　　　年　　　　　月　　　　　日取得

何に使う?

アカウント名

ID (メールアドレス)

フリガナ

パスワード

メモ　　　　　　　　　　　　　年　　　　　月　　　　　日取得

何に使う?

アカウント名

ID (メールアドレス)

フリガナ

パスワード

メモ　　　　　　　　　　　　　年　　　　　月　　　　　日取得

パート 2　パスワード記録ノート

何に使う?

アカウント名

ID（メールアドレス）

フリガナ

パスワード

メモ　　　　　　　　　　　　年　　　　　　月　　　　　　日取得

何に使う?

アカウント名

ID（メールアドレス）

フリガナ

パスワード

メモ　　　　　　　　　　　　年　　　　　　月　　　　　　日取得

何に使う?

アカウント名

ID (メールアドレス)

フリガナ

パスワード

メモ   年   月   日取得

何に使う?

アカウント名

ID (メールアドレス)

フリガナ

パスワード

メモ   年   月   日取得

何に使う？

アカウント名

ID（メールアドレス）

フリガナ

パスワード

メモ　　　　　　　　年　　　　月　　　　日取得

何に使う？

アカウント名

ID（メールアドレス）

フリガナ

パスワード

メモ　　　　　　　　年　　　　月　　　　日取得

何に使う?

アカウント名

ID（メールアドレス）

フリガナ

パスワード

メモ　　　　　　　　　　　　年　　　　　月　　　　　日取得

何に使う?

アカウント名

ID（メールアドレス）

フリガナ

パスワード

メモ　　　　　　　　　　　　年　　　　　月　　　　　日取得

何に使う?

アカウント名

ID（メールアドレス）

フリガナ

パスワード

メモ　　　　　　　　　　年　　　　月　　　　日取得

何に使う?

アカウント名

ID（メールアドレス）

フリガナ

パスワード

メモ　　　　　　　　　　年　　　　月　　　　日取得

何に使う?

アカウント名

ID（メールアドレス）

フリガナ

パスワード

メモ　　　　　　　　　　　　　年　　　　　　月　　　　　　日取得

何に使う?

アカウント名

ID（メールアドレス）

フリガナ

パスワード

メモ　　　　　　　　　　　　　年　　　　　　月　　　　　　日取得

何に使う？

アカウント名

ID（メールアドレス）

フリガナ

パスワード

メモ　　　　　　　　　　年　　　　　月　　　　　日取得

何に使う？

アカウント名

ID（メールアドレス）

フリガナ

パスワード

メモ　　　　　　　　　　年　　　　　月　　　　　日取得

何に使う？

アカウント名

ID（メールアドレス）

フリガナ

パスワード

メモ　　　　　　　　　　　年　　　　　月　　　　　日取得

何に使う？

アカウント名

ID（メールアドレス）

フリガナ

パスワード

メモ　　　　　　　　　　　年　　　　　月　　　　　日取得

何に使う？

アカウント名

ID（メールアドレス）

フリガナ

パスワード

メモ　　　　　　　　　　　年　　　　　月　　　　　日取得

何に使う？

アカウント名

ID（メールアドレス）

フリガナ

パスワード

メモ　　　　　　　　　　　年　　　　　月　　　　　日取得

何に使う?

アカウント名

ID（メールアドレス）

フリガナ

パスワード

メモ　　　　　　　　　　　年　　　　　月　　　　　日取得

何に使う?

アカウント名

ID（メールアドレス）

フリガナ

パスワード

メモ　　　　　　　　　　　年　　　　　月　　　　　日取得

何に使う?

アカウント名

ID(メールアドレス)

フリガナ

パスワード

メモ   年   月   日取得

何に使う?

アカウント名

ID(メールアドレス)

フリガナ

パスワード

メモ   年   月   日取得

何に使う?

アカウント名

ID（メールアドレス）

フリガナ

パスワード

メモ　　　　　　　　　　　　年　　　　　月　　　　　日取得

何に使う?

アカウント名

ID（メールアドレス）

フリガナ

パスワード

メモ　　　　　　　　　　　　年　　　　　月　　　　　日取得

何に使う?

アカウント名

ID (メールアドレス)

フリガナ

パスワード

メモ　　　　　　　　　　　　　　年　　　　　月　　　　　日取得

何に使う?

アカウント名

ID (メールアドレス)

フリガナ

パスワード

メモ　　　　　　　　　　　　　　年　　　　　月　　　　　日取得

何に使う?

_____

アカウント名

_____

ID（メールアドレス）

_____

フリガナ

....

パスワード

_____

メモ　　　　　　　　　　年　　　　　月　　　　　日取得

_____

何に使う?

_____

アカウント名

_____

ID（メールアドレス）

_____

フリガナ

....

パスワード

_____

メモ　　　　　　　　　　年　　　　　月　　　　　日取得

_____

何に使う?

アカウント名

ID（メールアドレス）

フリガナ

パスワード

メモ   年   月   日取得

何に使う?

アカウント名

ID（メールアドレス）

フリガナ

パスワード

メモ   年   月   日取得

何に使う?

アカウント名

ID（メールアドレス）

フリガナ

パスワード

メモ 　　　　　　　　　　　　　年　　　　　月　　　　　日取得

何に使う?

アカウント名

ID（メールアドレス）

フリガナ

パスワード

メモ 　　　　　　　　　　　　　年　　　　　月　　　　　日取得

何に使う?

アカウント名

ID（メールアドレス）

フリガナ

パスワード

メモ　　　　　　　　　　　年　　　　　月　　　　　日取得

何に使う?

アカウント名

ID（メールアドレス）

フリガナ

パスワード

メモ　　　　　　　　　　　年　　　　　月　　　　　日取得

\ パート 3 /

パスワードノートを安全に使うヒント

このノートは、必ず自宅で保管して
外には持ち出さないでください。
安全に使うためのヒントを
まとめました。

ノートは持ち出し厳禁！
でも「共有財産」

「このノートを見せない、話さない、持ち出さない」

くり返しになりますが、これはぜひ守ってください。**スマホは個人情報の塊です。**その情報を守るためにパスワードがあるのです。

ですから、このノートは**あなたがご自分で管理できる場所に、いつも置いてほしいのです。**

置く場所は、あまり目立つところではないほうがよいでしょう。でも、たんすの奥深くにしまい込んでしまうと、「パスワードはなんだった？」と見返すときに、探すのが大変です。

あえて気に留めないけれど、毎日目にするところ。そんな場所が理想ですね。あなた以外に、わからないようにするなら、

● カバーを外す

● カバーを裏返してつける

104

- **お好きな紙でカバーを作る**

というのもよいでしょう。

　ですが、この管理ルールには、一つだけ例外があります。それは、**信頼できる方にだけ、ノートの存在を知らせておく**ということ。

　先日、私の教室の最高齢の生徒さんが亡くなりました。この方は、パスワード記録ノート（教室では「アカウントノート」と呼んでいます）に記入をされていたので、「これは大事」「これは手続きが必要」「これは何もせずにほっておいてもよい」、ということがわかり"スマホじまい"がスムーズにできたと、ご家族から連絡がありました。

　このノートは、ご自分のために作るものです。でも、同時にご家族など、**大切な方たちとの共有財産**でもあるのです。

信頼できる方にだけ、このノートの置き場所を伝えておく

使いまわし、 誕生日はダメ！
安全度が上がる「パスワード作り」

「覚えるのが大変だから、同じパスワード を使いまわしている」。これは、とても危険！　もし、このパスワードが悪い人に見破られてしまったら、同じパスワードを使っているほかのアプリやサイトにも、次々と侵入されてしまいます。

「自分の情報なんて、見られても別に大したものはない」なんて思っている人もいるかもしれませんが、**あなたの連絡先から、友だちに被害が及んだり、あなたのスマホが知らない間に犯罪の踏み台になったりする可能性だってあるのです。**

ですから、**①パスワードの使いまわしだけは絶対に避けるべき**です。

それから、あなた、あるいはご家族の**②誕生日やイニシャルをパスワードに使うのもやめましょう。**

覚えやすいということは、第三者からも見破られやすい、と

いうことです。

また、**③短すぎるパスワードも NG** です。以前見たテレビ番組の実験では、4桁の数字だけで作ったパスワードは1秒以下で見破られていました。

①～③のいずれかに該当するなら、ぜひ変更しましょう。

強力なパスワードを作る具体的なポイントは以下の通りです。

- **誕生日やイニシャルなど、あなた自身やご家族にまつわる情報は入れない**
- **アルファベットと数字を混ぜる**
- **アルファベットの大文字を入れる**
- **記号を入れる**
- **最低でも8文字以上で作る**

とはいえ、いきなり作ろうとすると難しいものです。ですから、次の手順で考えてみてください。

①**基本となる言葉を決める**

②**その言葉を少しひねる**

③**使うサービスに合わせて、前後に言葉を追加する**

①は、好きな歌の歌詞、思い出の場所や食べ物、初任給で買ったものなど、**第三者は知りえない、あなたにとって忘れられない言葉がよいでしょう。**

例えば、家族で行った沖縄旅行。そこで食べたゴーヤが思い出の一品だとしたら、基本の言葉を「沖縄のゴーヤ」にします。それを、小文字だけのアルファベットで書いてみます。

okinawanogoya

②**辞書に載っている言葉は推測されやすいので、少しひねる必要があります。**

例えば、okinawano から母音（aiueo）を外して、**oknwn** にします。goya は、数字で 58 としてみます。

沖縄のゴーヤ→okinawanogoya →oknwn58

ここまでで、oknwn58 になりました。

大文字と記号を混ぜるとセキュリティの強度が上がるので、こうしてみます。

okNwn5-8

いかがでしょうか？　好きな言葉からパスワードを作る流れがなんとなくつかめたでしょうか？

沖縄のゴーヤ→okinawanogoya →oknwn58→okNwn5-8

③安全なパスワード作りは、思ったより簡単だとしても、アカウントごとに変更するのは大変ですよね。でも、使いまわしは絶対にやめてください。

そこで、**先の手順でできたパスワードを「ごはんとお味噌汁の基本メニュー」だと考えてみましょう。**ここに、おかずをつけ足して、A定食、B定食、C定食……というように、メニューの種類を増やしていきます。

例えば、ネットショッピングサイトの「Amazon」のパスワードだとして、仮にAとzを前後に足すとします。

okNwn5-8　→　A okNwn5-8 z

これはあくまで、一例です。

急ぐ必要はありません。自分にとって覚えやすく、それでいて安全度の高いパスワードを脳トレ気分で作ってみてください。

パート3　パスワードノートを安全に使うヒント　109

アカウント作成によく使う 英数字と記号一覧表

英字（アルファベット）

小文字	a	b	c	d	e
大文字	A	B	C	D	E
フリガナ	エー	ビー	シー	ディー	イー

小文字	n	o	p	q	r
大文字	N	O	P	Q	R
フリガナ	エヌ	オー	ピー	キュー	アール

数字

数字	0	1	2	3	4
読み方	ゼロ	イチ	ニ	サン	シ・ヨン

注意①アカウントによっては、作成に使えない文字が指定されていることもあります。
その場合は、それらの文字を使わないようにして ID やパスワードを考えてください。
注意② ID とパスワードを入力するときは「半角」です。
スマホでは「日本語」入力時には「日本語入力オン」、そうでないときは「日本語入力オフ」に切り替えます。日本語入力オフのときに入力すると、半角になります。ID やパスワードは「日本語入力オフ」の状態で入力します。

f	g	h	i	j	k	l	m
F	G	H	I	J	K	L	M
エフ	ジー	エイチ	アイ	ジェイ	ケイ	エル	エム

s	t	u	v	w	x	y	z
S	T	U	V	W	X	Y	Z
エス	ティー	ユー	ブイ	ダブリュー	エックス	ワイ	ゼット

5	6	7	8	9	10
ゴ	ロク	シチ・ナナ	ハチ	ク・キュウ	ジュウ

パート3 パスワードノートを安全に使うヒント　111

記号

※記号の読み方は正式名称ではなく、よく使われているものです。
46 ページからのノートに読み方を記入するときは、あなたが普段使っている読み方
（！=ビックリマークなど）でもかまいません。

記号	@	#	/	&	_	'
読み方	アットマーク	シャープ	スラッシュ	アンド	アンダーバー	アポストロフィ

記号	"	(	)	・	,	?
読み方	ダブルクォーテーション	左かっこ	右かっこ	ドット	カンマ	はてな・クエスチョンマーク

記号	!	$	%	^	*	=
読み方	エクスクラメーションマーク	ドル	パーセント	カレット	アスタリスク	イコール

記号	:	;	~	|	[	]
読み方	コロン	セミコロン	チルダ	パイプ	左大かっこ	右大かっこ

記号	{	}	-	+	>	¥
読み方	左中かっこ	右中かっこ	マイナス・ハイフン	プラス	大なり	エン

アルファベット・大文字・数字・記号の出し方

　私たちはメールやメッセージを送るときは日本語を使い、メールアドレスやパスワードを入れるときは**「日本語入力をオフ」**にしなくてはいけません。だからアルファベットや数字を出すときに少々手間取ってしまうのも当然です。

　でも、**日本語からアルファベットを入力できるように、「キーボード」を切り替える操作自体は難しくありません。**次のページからやり方を示しますので、確認してみてくださいね。Android のスマホをお持ちの方は、機種によって操作法が少々異なるので、ご自分のスマホの画面に近いものをご覧ください。

　ちなみに、日本語のキーボードでも「いち」と入力すれば、「1」と変換できます。ですが、この「1」は全角の「1」。半角の「1」も候補として表示されますが、**目で見ても判断に迷うので、必ずキーボードはアルファベットに切り替えましょう。**

日本語のキーボードと
アルファベットのキーボード

　スマホのキーボードは、以下のように日本語からアルファベット（英語）に切り替えることができます。

　IDやパスワードを入力するときには、必ずアルファベットのキーボードに切り替えましょう。

　Android のスマホは機種や設定によって入力方法が異なります。大きく分けて日本語と英語を切り替えるのに【🌐を押すタイプ】と【 ぁa1 を押すタイプ】があります。タイプにより、それぞれ記号の出し方も変わりますのでご自分のスマホで確認してみましょう。

＼ 日本語キーボード ／

＼ アルファベットのキーボード ／

Androidの場合

⊕で日本語と英語を切り替えるタイプ

① ⊕ を押します。

② アルファベットになります。

③ ⇧ を押して色が変わっているときは大文字です。

記号の出し方にも何通りかあります

① !#1 を押します。

② 記号が表示されます。1/2 を押すとさらに記号が表示されます。

③ ABC を押すとアルファベットに戻れます。

または

① ?123 を押します。

② 記号が表示されます。=\< を押すとさらに記号が表示されます。

③ ABC を押すとアルファベットに戻れます。

あa1 で日本語と英語を切り替えるタイプ

① 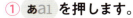 を押します。

② アルファベットになります。

③ ⇧ を押して色が変わっているときは大文字です。

④ あa1 を押します。数字になったら !?# を押します。

⑤【☆】を押します。記号が表示されます。

⑥ 上に動かすとさらに記号が表示されます。【あいう】を押すとひらがなに戻れます。

　スマホでパスワードを入力するとき、入力した文字が●で表示されて見えない場合があります。大文字や小文字、記号への切り替えを間違えたりすると、何度パスワードを入れても「エラー」となってしまいます。
　そんなときはスマホに入っているメモ帳 (Android)、 (iPhone) などを出して、入力した文字が正確か確かめてみます。

iPhoneの場合
🌐で日本語と英語を切り替えるタイプ

① 🌐を長めに押して【English (Japan)】を押します。

②アルファベットが表示されます。

③ ⇧を押して⬆になっているときは大文字です。

④ 123を押すと数字になります。

⑤ #+=を押すと記号になります。

⑥ ABCを押すとアルファベットに戻ります。

スマホの玄関の戸締り「画面ロック」はお済みですか?

最後に1つお伝えしたいことがあります。

「スマホ自体にも、しっかりセキュリティ対策を」

このノートをご自宅で保管して、パスワードも工夫すればセキュリティ対策は問題ない、ということにはならないのです。

パスワードの管理と、「スマホ自体のセキュリティ対策」は、まったくの別物。

スマホには、ご家族や友人の電話番号など、連絡先を登録している方が多いでしょう。メッセージのやり取りも残っています。あなたが写っている写真や、お孫さんの運動会の動画も入っているかもしれません。そんなあなたの個人情報を守るには、**「画面ロック」** を設定するしかありません。

スマホが、あなたのご自宅だとしたら、画面ロックは玄関の

鍵のようなもの。**画面ロックをしないのは、昼も夜も玄関を開けっぱなし、見知らぬ人からも家の中が丸見えで、誰でも勝手に侵入できることと同じなのです。**

　画面ロックをまだ設定していない方は、次のページから、やり方をご紹介しますので、このまま設定していきましょう。

　Androidをご使用の方は、**「パターン」（指で画面をなぞる）、パスワード、PIN（4桁以上の数字）、機種によっては「顔」や「指紋」を登録する**、といった手段がありますが、お好みで選んでかまいません。

　iPhoneをご使用の方は、**6桁の「パスコード」、「顔」または「指紋」の登録**、という設定をします。設定が終わったら44ページの「私のスマホ情報」に記入しましょう。

　画面ロックを設定すると、スマホを使うたびにパターンやパスコードを入力することになります。「いちいちめんどうくさい……」確かに。でも、このひと手間が、見知らぬ第三者からあなたのスマホを守ってくれるのです。

画面ロックのかけ方

Androidは機種によって、メニューの名前が異なります。下記を参照に「セキュリティとプライバシー」「セキュリティ」「画面ロック」「ロック解除」「解除方法」などの言葉を探してみましょう。画面ロックが「なし」のまま使い続けるのは避けてください。（画面はGoogle Pixel 4a）

Androidの場合

① ホーム画面の【設定】をタップ
② 【セキュリティとプライバシー】をタップ ※セキュリティなどの場合も
③ 【デバイスのロック解除】をタップ
　※画面ロック、ロック解除、解除方法の場合も

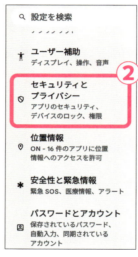
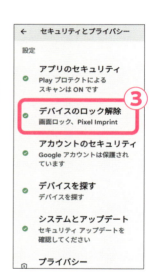

④ 【画面ロック】をタップ
⑤ 【画面ロックの選択】で、ロックを解除する手段を選ぶ
▼パターン：画面に表示される9つの点を指でつなぐ　※「Z」など簡単なものは避ける
▼PIN：4桁以上の数字で設定
※生年月日は使わない
▼パスワード：数字やアルファベットの組み合わせ
※イニシャルや生年月日などは使わない

⑥ ここではパターンをタップ
⑦ 9つの点を指でなぞって線を書きパターンとする。書き終わったら【次へ】をタップ
⑧ 確認のため次の画面でも同様に指でパターンを書き、【確認】をタップ
⑨ ロック画面に表示される通知については、「すべての通知の内容を表示する」を選び、【完了】をタップ

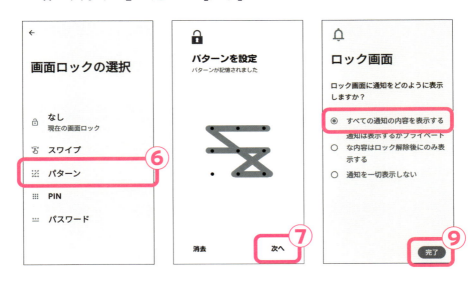

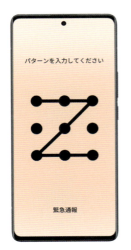

設定したパターン（PIN、パスワード）は忘れないように44ページに控えておきましょう。設定したものを忘れてしまい何回も入力し、相当な回数を失敗すると、最悪の場合スマホが買ったときの状態に戻ってしまう（初期化）ことがあります。
画面ロックの大切さは118ページでもお伝えしていますが、忘れてしまうのが嫌で設定しない、というのは本末転倒です。スマホを使う上で、ご自分で設定したものは、ご自分できちんと把握していることが大切です。

パート3　パスワードノートを安全に使うヒント　121

画面ロックのかけ方

【パスコード】は「数字のみ6桁」で設定します。
手順の途中で出てくる【パスワード】は、アルファベット大文字と小文字を両方とも含み、
数字も少なくとも1文字使われているものです。
（購入時に設定されていることが多いです）（画面はiPhone15）

iPhoneの場合

① ホーム画面の【設定】をタップ
②【Face IDとパスコード】（ホームボタンのあるiPhoneは【Touch IDとパスコード】）をタップ
③ 画面を上に動かし【パスコードをオンにする】をタップ

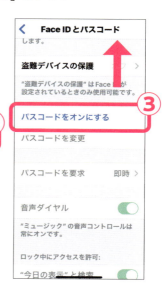

④ 6桁の数字を入力
※生年月日などは避ける
⑤ 確認のためもう一度6桁の数字を入力
⑥【Apple IDパスワード】の画面で、パスワードを正確に入力
※大文字はキーボードの⇧を押して入力
⑦【サインイン】をタップ

設定したパスコード（6桁の数字）は忘れないように必ずノートに控えておきましょう。

「顔認証」もできる

【Face IDとパスコード】のメニューの中にある【Face IDをセットアップ】を使って、自分の顔を登録し「Face ID」にすることもできます。Face IDは、ロックの解除や、アプリを入手するときのパスワードとして使います（ホームボタンのあるiPhoneの場合は指紋を登録して、Touch IDとして使います）。

役に立つ「よく使う連絡先」

名前	電話番号
	携帯電話
住所	
メールアドレス	

名前	電話番号
	携帯電話
住所	
メールアドレス	

名前	電話番号
	携帯電話
住所	
メールアドレス	

名前	電話番号
	携帯電話
住所	
メールアドレス	

名前	電話番号
	携帯電話
住所	
メールアドレス	

名前	電話番号
	携帯電話
住所	
メールアドレス	

名前	電話番号
	携帯電話
住所	
メールアドレス	

名前	電話番号
	携帯電話
住所	
メールアドレス	

名前	電話番号
	携帯電話
住所	
メールアドレス	

名前	電話番号
	携帯電話
住所	
メールアドレス	

Profile

増田由紀 (ますだ・ゆき)

スマホ活用アドバイザー。「パソコムプラザ」代表。デジタル推進委員。2000年から千葉県浦安市でシニアのためのスマホ・パソコン教室を運営、2020年より完全オンライン教室に移行。「〝知る〟を楽しむ」をコンセプトに、これまで1万5000人を超えるシニア世代に、スマホの魅力と使い方を指導。シニア世代でもわかりやすいスマホの解説には定評があり、自治体や企業主催のセミナーで講師を務めるほか、新聞や雑誌でも活躍中。YouTubeチャンネル「ゆきチャンネル」では、スマホの操作法のコツを多数配信。著書に『世界一簡単！70歳からのスマホの使いこなし術』(アスコム)『いちばんやさしい70代からのiPhone』(日経BP)などがある。

1万5000人のシニアに
スマホを教えたプロが作った
70歳からの
スマホのパスワード
記録ノート

発行日　2025 年 1 月 6 日　第 1 刷
発行日　2025 年 2 月 26 日　第 4 刷

著者　　　　　増田 由紀

本書プロジェクトチーム
編集統括　　　柿内尚文
編集担当　　　福田麻衣
デザイン　　　鈴木大輔、仲條世菜（ソウルデザイン）
イラスト　　　古谷充子
DTP　　　　　藤田ひかる（ユニオンワークス）
校正　　　　　鷗来堂

営業統括　　　丸山敏生
営業推進　　　増尾友裕、綱脇愛、桐山敦子、相澤いづみ、寺内未来子
販売促進　　　池田孝一郎、石井耕平、熊切絵理、菊山清佳、山口瑞穂、
　　　　　　　　吉村寿美子、矢橋寛子、遠藤真知子、森田真紀、
　　　　　　　　氏家和佳子
プロモーション　山田美恵

編集　　　　　小林英史、栗田亘、村上芳子、大住兼正、菊地貴広、
　　　　　　　　山田吉之、小澤由利子
メディア開発　池田剛、中山景、中村悟志、長野太介、入江翔子、
　　　　　　　　志摩晃司
管理部　　　　早坂裕子、生越こずえ、本間美咲
発行人　　　　坂下毅

発行所　**株式会社アスコム**

〒105-0003
東京都港区西新橋2-23-1　3東洋海事ビル
TEL：03-5425-6625

印刷・製本　日経印刷株式会社

©Yuki Masuda　株式会社アスコム
Printed in Japan ISBN 978-4-7762-1391-8

本書は著作権上の保護を受けています。本書の一部あるいは全部について、
株式会社アスコムから文書による許諾を得ずに、いかなる方法によっても
無断で複写することは禁じられています。

落丁本、乱丁本は、お手数ですが小社営業局までお送りください。
送料小社負担によりお取り替えいたします。定価はカバーに表示しています。

この本の感想をお待ちしています！

感想はこちらからお願いします

https://www.ascom-inc.jp/kanso.html

この本を読んだ感想をぜひお寄せください！
本書へのご意見・ご感想および
その要旨に関しては、本書の広告などに
文面を掲載させていただく場合がございます。

新しい発見と活動のキッカケになる
アスコムの本の魅力を Webで発信してます！

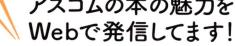

▶ YouTube「アスコムチャンネル」

https://www.youtube.com/c/AscomChannel

動画を見るだけで新たな発見！
文字だけでは伝えきれない専門家からの
メッセージやアスコムの魅力を発信！

X (旧Twitter)「出版社アスコム」

https://x.com/AscomBooks

著者の最新情報やアスコムのお得な
キャンペーン情報をつぶやいています！